BEI GRIN MACHT SICH IHR WISSEN BEZAHLT

- Wir veröffentlichen Ihre Hausarbeit, Bachelor- und Masterarbeit

- Ihr eigenes eBook und Buch - weltweit in allen wichtigen Shops

- Verdienen Sie an jedem Verkauf

Jetzt bei www.GRIN.com hochladen und kostenlos publizieren

Patrick Schürmann

Elektrotechnische Untersuchung einer reversiblen Brennstoffzelle

GRIN Verlag

Bibliografische Information der Deutschen Nationalbibliothek:

Die Deutsche Bibliothek verzeichnet diese Publikation in der Deutschen Nationalbibliografie; detaillierte bibliografische Daten sind im Internet über http://dnb.dnb.de/ abrufbar.

Dieses Werk sowie alle darin enthaltenen einzelnen Beiträge und Abbildungen sind urheberrechtlich geschützt. Jede Verwertung, die nicht ausdrücklich vom Urheberrechtsschutz zugelassen ist, bedarf der vorherigen Zustimmung des Verlages. Das gilt insbesondere für Vervielfältigungen, Bearbeitungen, Übersetzungen, Mikroverfilmungen, Auswertungen durch Datenbanken und für die Einspeicherung und Verarbeitung in elektronische Systeme. Alle Rechte, auch die des auszugsweisen Nachdrucks, der fotomechanischen Wiedergabe (einschließlich Mikrokopie) sowie der Auswertung durch Datenbanken oder ähnliche Einrichtungen, vorbehalten.

Impressum:

Copyright © 2012 GRIN Verlag, Open Publishing GmbH
Druck und Bindung: Books on Demand GmbH, Norderstedt Germany
ISBN: 978-3-656-33432-3

Dieses Buch bei GRIN:

http://www.grin.com/de/e-book/200062/elektrotechnische-untersuchung-einer-reversiblen-brennstoffzelle

GRIN - Your knowledge has value

Der GRIN Verlag publiziert seit 1998 wissenschaftliche Arbeiten von Studenten, Hochschullehrern und anderen Akademikern als eBook und gedrucktes Buch. Die Verlagswebsite www.grin.com ist die ideale Plattform zur Veröffentlichung von Hausarbeiten, Abschlussarbeiten, wissenschaftlichen Aufsätzen, Dissertationen und Fachbüchern.

Besuchen Sie uns im Internet:

http://www.grin.com/

http://www.facebook.com/grincom

http://www.twitter.com/grin_com

St.-Pius-Gymnasium Coesfeld

Schuljahr 2011/2012

GK Chemie 12(Q1)/II (Herr H.)

Elektrotechnische Untersuchung einer reversiblen Brennstoffzelle

Facharbeit
von
Patrick Schürmann

Februar 2012

Inhaltsverzeichnis

		Seite
1. Vorwort		3
2. Elektrotechnische Untersuchung einer reversiblen Brennstoffzelle		4
a. Was ist eine Brennstoffzelle?		4
	i. Allgemeine Funktionsweise einer Brennstoffzelle	4
	ii. Reversible Brennstoffzellen	6
	iii. Aufbau der Dr FuelCell™ Brennstoffzelle	6
b. Eigene Untersuchungen		7
	i. Durchgeführte Versuche	7
	• Versuch 1	7
	• Versuch 2	11
	• Versuch 3	14
	• Versuch 4	16
	ii. Ergebnisse im Vergleich mit Angaben der Bedienungsanleitung	18
	iii. Errechnung des Wirkungsgrades	18
c. Zukunftsmodell Brennstoffzelle		20
3. Resümee		22
4. Quellenverzeichnis		23
5. Anhang		25
a. Datenblatt Dr FuelCell™ Brennstoffzelle		25
b. Bilddokumentation der Experimente		25
c. Aufbau Dr FuelCell™ Brennstoffzelle		27

1. Vorwort

Weshalb ich gerade dieses Thema behandele, ist leicht zu erklären: Ich bin ein sehr ökologisch eingestellter Naturwissenschaftler, der stark an zukunftsweisenden Technologien interessiert ist. Natürlich gäbe es da viele Themen, denen ich mich deshalb mittels einer Facharbeit widmen könnte. Das Faszinierende an einer Brennstoffzelle ist, dass sie offensichtlich in der Zukunft eine überaus wichtige Rolle spielen wird, ihre verhältnismäßig simple Funktionsweise für einen Schüler wie mich aber gut zu verstehen ist und dennoch nicht langweilig erscheint.

Inhaltlich wird sich meine Arbeit eher der Praxis zuwenden. Mein Ziel ist es anhand eines konkreten Beispiels, der Dr FuelCell™ Brennstoffzelle, ihre Eigenschaften und elektrischen Proportionen zu erarbeiten, daraus selbst belegte Schlüsse in Bezug auf wissenschaftliche und wirtschaftliche Nutzbarkeit zu ziehen, die Notwendigkeit dieser Technik für die Zukunft zu belegen und so das selbstständige experimentell-naturwissenschaftliche Arbeiten zu erlernen.

Da die Dr FuelCell™ Brennstoffzelle jedoch schon ein fertiger Bausatz ist, war ich gezwungen auf die eher den chemischen Bereich betreffenden Experimente, durch welche ich Eigenschaftsunterschiede durch verschiedene Membranen und Elektrolyte untersuchen wollte, zu verzichten, weshalb der experimentelle Teil eher einen physikalisch-elektrischen Charakter erhalten hat. Ich hätte interessehalber gerne mehr Versuche als diese sehr in ihrer Varianz und Komplexität beschränkten Experimente durchgeführt.

2. Elektrotechnische Untersuchung einer reversiblen Brennstoffzelle

a. Was ist eine Brennstoffzelle?

i. Allgemeine Funktionsweise einer Brennstoffzelle

Eine Brennstoffzelle ist kein Energiespeicher, wie häufig fälschlicherweise gedacht wird, sondern ein Energiewandler, der chemische Energie in elektrische umwandelt. Sie wird meistens mit Wasserstoff und Sauerstoff (häufig Luftsauerstoff) betrieben, wobei sie auch beispielsweise mit Sauerstoff und Methanol oder Methan, aus denen mittels Dampfreformierung der benötigte Wasserstoff hergestellt wird, betrieben werden kann[1]. Die Brennstoffzelle wurde von Christian Friedrich Schönbein schon 1838 entdeckt. Weil aber kurze Zeit später der wesentlich billigere und einfacher zu produzierende Stromgenerator entdeckt wurde, hatte die Zelle praktisch keinen Nutzen mehr und wurde deshalb auch nicht weiterentwickelt. Erst mit dem Beginn der Raumfahrt um 1960, wobei die Brennstoffzelle als Energielieferant diente, begann ihre Weiterentwicklung[2].

Die folgend erklärte Funktionsweise bezieht sich nur auf die rein mit Wasserstoff und Sauerstoff betriebene Brennstoffzelle. Diese Zelle ist ein galvanisches Element und besteht aus zwei Kammern, welche durch eine Membran getrennt werden. Die Membran ist im häufigsten Fall eine Protonen durchlässige Trennwand, PEM (Proton Exchange Membrane) genannt[3]. Es gibt aber auch einige Modelle, welche mit einer Anionen durchlässigen Membran arbeiten. In jeder der Kammern befindet sich eine mit Platin als Katalysator versetzte Elektrode, welche dann über einen Verbraucher, Lampe, Motor etc., elektrisch verbunden sind. Je nach Beschaffenheit der Membran kann sie (leicht befeuchtet) oder aber Säuren oder Laugen als Elektrolyt dienen. Da diese Aufgabe im Falle der Dr FuelCell™ Brennstoffzelle die Membran übernimmt, werde ich nur die Funktionsweise dieser Zellen erläutern, welche sich jedoch nicht großartig

---

[1] Wikipedia, Brennstoffzelle, Chemische Reaktion
[2] Wikipedia, Brennstoffzelle, Geschichte
[3] Wikipedia, Brennstoffzelle, Aufbau

von denen mit flüssigen Elektrolyten unterscheidet. In dem Fall mit der Membran als Elektrolyt liegen die Elektroden dicht an dieser, damit ein Protonenübergang stattfinden kann.

Die Reaktion findet nun wie folgt statt[4]:
In die eine Kammer wird Wasserstoff, in die andere Sauerstoff eingeleitet. In der Wasserstoffkammer dissoziiert das H_2-Molekül durch das Platin katalysiert zu H^+-Protonen und gibt dabei Elektronen an die Elektrode ab.

$$H_2 \xrightarrow{Platin} 2H^+ + 2e^-$$

Die Sauerstoffmoleküle O_2 werden in ihrer Kammer ebenfalls an der Elektrode dissoziiert und es entstehen O^{2-}-Anionen unter Aufnahme von Elektronen von der Elektrode.

$$O_2 \xrightarrow{Platin} 2O^{2-} + 4e^-$$

Da nun eine Potentialdifferenz (Spannung) zwischen Anode und Kathode besteht und diese miteinander verbunden sind, fließt elektrischer Strom. Es wandern die Protonen durch die PEM-Membran in die Sauerstoffkammer und reagieren mit den Sauerstoffanionen unter Wärmeentwicklung zu Wasser.

$$2H^+ + O^{2-} \longrightarrow H_2O \quad \text{exotherm}$$

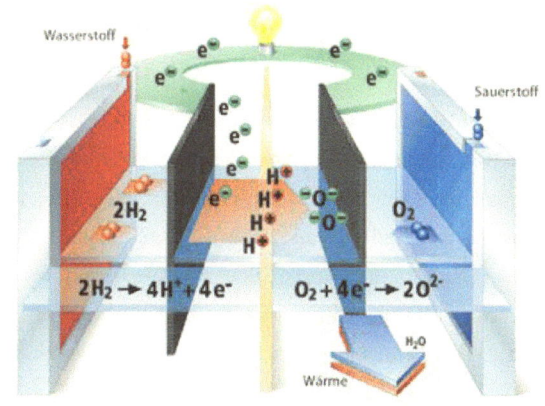

[4] www.ihr-nachbar.de, Das 1x1 der Brennstoffzelle
[5] www.ihr-nachbar.de, Das 1x1 der Brennstoffzelle

Die Brennstoffzelle wandelt durch diesen Prozess, der auch „kalte Verbrennung" genannt wird, die chemische Energie der Wasserstoff- und Sauerstoffmoleküle in Wärme- und elektrische Energie um.

ii. Reversible Brennstoffzellen

Eine reversible Brennstoffzelle wird ein geschlossenes System genannt, dass bei Stromzufuhr die Reaktionspartner durch einen Elektrolyseur herstellt und bei Bedarf diese als Brennstoffzelle miteinander reagieren lässt, so dass Strom wieder freigegeben wird. So ein System darf nun auch als Energiespeicher bezeichnet werden. Elektrolyseur und Brennstoffzelle sind hier sogar in fast allen Fällen ein und dasselbe Bauteil, denn durch dieselbe Vorrichtung der Brennstoffzelle können unter Stromzufuhr Wasserstoff und Sauerstoff erzeugt werden.

$$2H_2O \xrightarrow{Elektrolyse} 2H_2 + O_2$$

Da diese Reaktion als Elektrolyse aus dem Schulunterricht bekannt sein sollte, werde ich sie nicht weiter erläutern.

iii. Aufbau der Dr FuelCell™ Brennstoffzelle

Die Dr FuelCell™ Brennstoffzelle ist eine reversible Brennstoffzelle mit PEM-Membran[6], ihre technischen Angaben sowie der bildlich dargestellte Aufbau aus der Bedienungsanleitung sind im Anhang zu finden. Die Gasspeicher müssen vor der Verwendung als Brennstoffzelle mit destilliertem Wasser gefüllt und eine Elektrolyse muss durchgeführt werden. Durch direkte Zufuhr von Wasserstoff und Sauerstoff kann sie nicht betrieben werden, da sie als geschlossene Einheit gebaut ist. Näheres zur Benutzung wird sich in den folgenden Kapiteln aus den Versuchsanleitungen ergeben.

---

[6] Heliocentris, Starter Kit, Bedienungsanleitung, S. 32

b. Eigene Untersuchungen

i. Durchgeführte Versuche

Versuch 1:   *Aufladen der reversiblen Brennstoffzelle*

Versuchsfragen:
-Wie verhalten sich Stromstärke und Ladezeit während des Ladevorgangs unter verschiedenen Spannungen?
-Wie groß ist die Leerlaufspannung nach dem Aufladen mit verschiedenen Spannungen?
-Wie viel Energie wird jeweils bei den verschiedenen Spannungen zum Laden benötigt?
-Wie viele Milliliter Sauerstoff werden im Verhältnis zum Wasserstoff erzeugt?
-Wie schnell ist die Wasserstoffproduktion maximal?

Materialien:
Reversible Brennstoffzelle, Voltmeter, Amperemeter, Spannungsquelle (Gleichspannung), Kabel, Stoppuhr,

Versuchsaufbau:

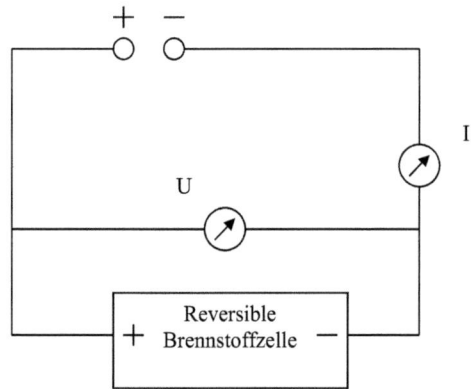

Durchführung:

Zunächst werden die Wassertanks der reversiblen Brennstoffzelle mit destilliertem Wasser gefüllt. Die Zelle wird dann an die Spannungsquelle mit U = 1,6V; 1,7V; 1,8V; 1,9V; 2,0V angeschlossen. Gemessen wird in der Zeit, in der die Zelle 1ml Wasserstoff bei den geringen Spannungen und 2ml bei den höheren Spannungen erzeugt hat. Die unterschiedlichen Volumina sind zu wählen, da die Messung so genauere Ergebnisse liefert. Zu messen sind die Zeit t, die Stromstärke I und die Verhältnisse der Volumina von Wasserstoff und Sauerstoff. Wenn die Messungen erfolgt sind, wird die Spannungsquelle abgetrennt. Nun ist die Leerlaufspannung U_{L1} der Zelle über einen Zeitraum von 10min zu messen.

Messwerte:

Die reversible Brennstoffzelle lädt sich gleichmäßig auf, es treten erst bei höheren Ladespannungen leichte Stromstärkenschwankungen auf. Das Volumen des Wasserstoffs ist stets doppelt so groß wie das des Sauerstoffs.

Messungen (Zeit ist umgerechnet auf V=1ml):

$U_1 = 1,60V$ $I_1 = 0,085A$ $t_1 = 90s$

$U_2 = 1,70V$ $I_2 = 0,140A$ $t_2 = 55s$

$U_3 = 1,80V$ $I_3 = 0,215A$ $t_3 = 40s$

$U_4 = 1,90V$ $I_4 = 0,246A$ $t_4 = 33s$

$U_5 = 2,00V$ $I_5 = 0,307A$ $t_5 = 29s$

U_L beträgt bei jeder Ladespannung 1,4V direkt nach dem Aufladen. Innerhalb der 10 Minuten danach sinkt die Leerlaufspannung anfangs schneller, später langsamer und stagniert bei ca. 1,1V.

Auswertung:

-Die Brennstoffzelle lädt sich konstant auf und die Stromstärke verändert sich bei gleich bleibender Spannung nicht.

-Die Leerlaufspannung der reversiblen Brennstoffzelle ist unabhängig von der Ladespannung und beträgt, abgesehen von der Zeit direkt nach dem Aufladen, dauerhaft 1,1V.

-Durch die Gleichung $E = U \cdot I \cdot t$ kann die jeweils zur Erzeugung eines Milliliters Wasserstoff benötigte Energie berechnet werden.

$E_1 = 1{,}60V \cdot 0{,}085A \cdot 90s \approx 12{,}2J$

$E_2 = 1{,}70V \cdot 0{,}140A \cdot 55s \approx 13{,}1J$

$E_3 = 1{,}80V \cdot 0{,}215A \cdot 40s \approx 15{,}5J$

$E_4 = 1{,}90V \cdot 0{,}246A \cdot 33s \approx 15{,}42J$

$E_5 = 2{,}00V \cdot 0{,}307A \cdot 29s \approx 17{,}8J$

Aus diesen Ergebnissen kann man nun schließen, dass bei der geringeren Ladespannung die benötigte Zeit sich wesentlich vervielfacht, der Energieverbrauch jedoch mit zunehmender Ladespannung steigt (siehe Diagramm). Somit kann die Energieeinsparung durch niedrige Ladespannungen bis zu ca. 46% (E_5/E_1) betragen.

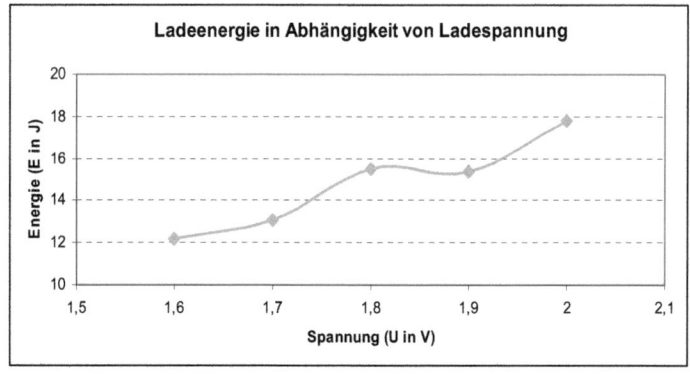

-Dass das Volumen vom Wasserstoff stets das doppelte des Sauerstoffes hat belegt zusammen mit dem Avogadroschen Gesetz, welches besagt: „Gleiche Volumina aller Gase enthalten bei gleicher Temperatur und gleichem Druck gleich viele kleinste Teilchen."[7], dass die Reaktionsgleichung zur Elektrolyse $2H_2O \xrightarrow{Elektrolyse} 2H_2 + O_2$, welche ein Gasentstehungsverhältnis von $2H_2$ zu $1O_2$ beschreibt, korrekt sein muss.

-Da die Geschwindigkeit der Wasserstoffproduktion mit der Ladespannung steigt, kann man kein Maximum durch Versuche festlegen, ohne dass die reversible Brennstoffzelle Schaden nimmt. Deshalb lege ich das Maximum bei U = 2V fest, da dies die maximal erlaubte Ladespannung im Dauerbetrieb ist[8]. Die Geschwindigkeit der Gaserzeugung liegt hier bei ca. 2,04ml pro Minute.

$$v = \frac{V}{t} = \frac{1ml}{29s} \approx 0,034 \,^{ml}/_{s} = 2,04 \,^{ml}/_{min}$$

---

[7] Wikipedia, Avogadrosches Gesetz
[8] Heliocentris, Model Car, Bedienungsanleitung, S. 42

Versuch 2: Entladen einer reversiblen Brennstoffzelle

Versuchsfragen:

-Wie verhalten sich Stromstärke und Ladezeit während des Entladevorgangs unter verschiedenen Arbeitsspannungen?

-Hat die Leerlaufspannung direkt nach dem Entladen (nicht bis auf 0ml Wasserstoff, da es dann ja keine Spannung mehr gäbe) dieselbe Stärke wie vorher?

-Wie viel Energie gibt die reversible Brennstoffzelle in Bezug auf die Arbeitsspannungen frei?

Materialien:

Reversible Brennstoffzelle, Voltmeter, Amperemeter, Kabel, Stoppuhr, Widerstand,

Versuchsaufbau:

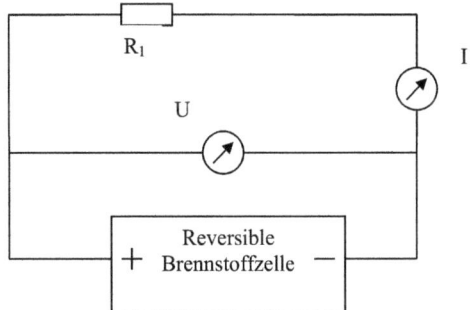

Durchführung:

Zuerst wird an der geladenen reversiblen Brennstoffzelle die Leerlaufspannung U_{L1} gemessen, dann wird sie an den Widerstand R mit $1\,\Omega$; $3\,\Omega$; $5\,\Omega$; $10\,\Omega$; $50\,\Omega$ angeschlossen. Die Widerstände dienen dazu verschiedene Arbeitsspannungen (Entladespannungen) zu erzeugen. Zu messen sind die Arbeitsspannung U_E, die Stromstärke I und die Zeit t, während sich die Zelle um 1ml entlädt. Nachdem die Messung beendet ist, wird der Stromkreis unterbrochen und die Leerlaufspannung U_{L2} über zehn Minuten gemessen.

Messergebnisse:
Stromstärke und Spannung bleiben während des Entladens konstant.

Messungen:

$R_1 = 01\,\Omega$	$U_1 = 0{,}55\,V$	$I_1 = 0{,}155\,A$	$t_1 = 045\,s$
$R_2 = 03\,\Omega$	$U_2 = 0{,}63\,V$	$I_2 = 0{,}118\,A$	$t_2 = 062\,s$
$R_3 = 05\,\Omega$	$U_3 = 0{,}68\,V$	$I_3 = 0{,}090\,A$	$t_3 = 080\,s$
$R_4 = 10\,\Omega$	$U_4 = 0{,}74\,V$	$I_4 = 0{,}058\,A$	$t_4 = 115\,s$
$R_5 = 50\,\Omega$	$U_5 = 0{,}85\,V$	$I_5 = 0{,}015\,A$	$t_5 = 385\,s$

Die Leerlaufspannung vor dem Entladen beträgt $U_{L1} = 1{,}1\,V$.

Die Leerlaufspannung U_{L2} beträgt direkt nach dem Entladen 0,9V, erholt sich zunächst schneller, dann langsamer und erreicht wieder 1,1V (U_{L1}).

Auswertung:

-Der in *V1* festgestellte Wert der Leerlaufspannung $U_L = 1{,}1\,V$ bleibt auch, bis auf kurze Zeit, nach dem Entladen gleich.

-Mit der Formel $E = U \cdot I \cdot t$ lässt sich die Energie berechnen, die bei dem Verbrauch von einem Milliliter Wasserstoff erzeugt wurde.

$$E_1 = 0{,}55V \cdot 0{,}155A \cdot 45s \approx 3{,}85J$$
$$E_2 = 0{,}63V \cdot 0{,}118A \cdot 62s \approx 4{,}61J$$
$$E_3 = 0{,}68V \cdot 0{,}090A \cdot 80s \approx 4{,}90J$$
$$E_4 = 0{,}74V \cdot 0{,}058A \cdot 115s \approx 4{,}94J$$
$$E_5 = 0{,}85V \cdot 0{,}015A \cdot 385s \approx 4{,}91J$$

Aus den Ergebnissen erkennt man, dass die Brennstoffzelle, ähnlich wie beim Elektrolyseur, bei einer langsameren Arbeitszeit energiesparender ist. Nähert sich die Stromstärke aber 0 an, verändert sich die Energieersparnis kaum noch (siehe Diagramm). Die maximale Ersparnis von ca. 28% (E_4/E_1) ist jedoch nicht so groß wie beim Aufladen (46%).

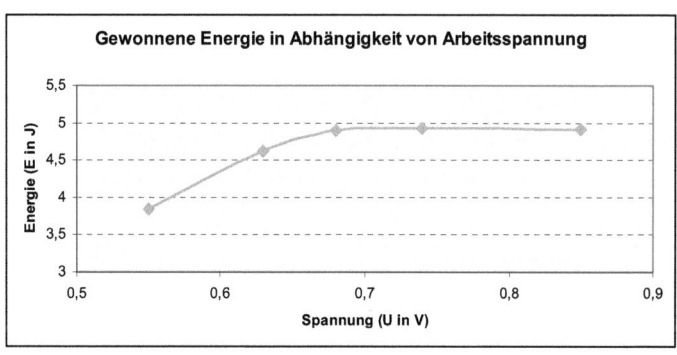

Versuch 3: *Ladestromstärke in Abhängigkeit von Ladespannung*

Versuchsfragen:

-Ab welcher Spannung beginnt die Elektrolyse?
-Wie verhalten sich Ladespannung und Stromstärke zueinander?

Materialien:

Reversible Brennstoffzelle, Voltmeter, Amperemeter, Spannungsquelle (Gleichspannung), Kabel,

Versuchsaufbau:

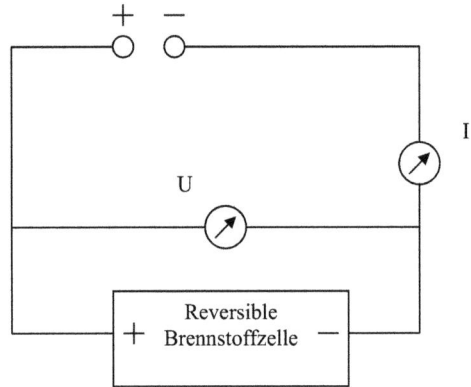

Durchführung:

Die reversible Brennstoffzelle wird an die Spannungsquelle mit U = 1,0V; 1,1V; 1,2V;...; 2,2V; angeschlossen und die jeweilige Ladestromstärke I wird gemessen.

Messergebnisse:

U(V)	1,0	1,1	1,2	1,3	1,4	1,5
I(A)	0	0	0	0	0,001	0,026

1,6	1,7	1,8	1,9	2,0	2,1	2,2
0,092	0,170	0,260	0,360	0,455	0,555	0,695

Auswertung:

-Theoritisch ist für den Beginn der Elektrolyse eine Spannung von $U_0=1{,}23V$ nötig. Diese Spannung ist die Differenz der Standartpotentiale von Sauerstoff (1,23V) und Wasserstoff (0V)[9]. Dass in dem Versuch die Reaktion erst ab einer höheren Spannung beginnt, hängt mit elektrotechnischen Gründen, wie z. B. dem Widerstand der Kabel oder dem Widerstand im Amperemeter zusammen.

-Danach steigt die Stromstärke näherungsweise linear zur Spannung an (siehe Diagramm). So stell ich nach der Formel $U = R \cdot I$ fest, dass der Eigenwiderstand der reversiblen Brennstoffzelle im gesamten Nutzungsbereich konstant ist.

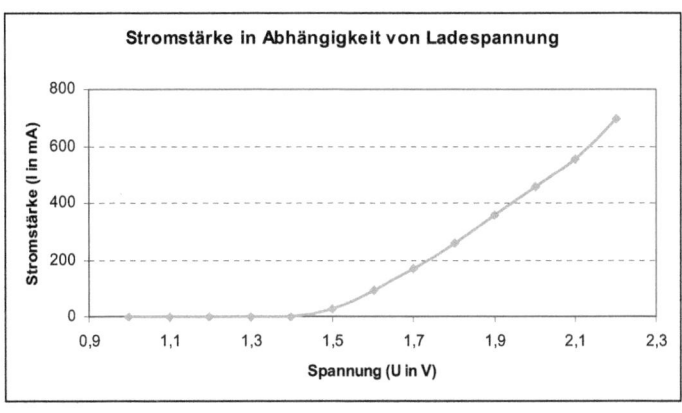

---

[9] Wikipedia, Elektrochemische Spannungsreihe, Elektrochemische Spannungsreihe

Versuch 4: *Luftsauerstoff statt reinen O₂-Gases*

Versuchsfragen:
- Funktioniert die Dr FuelCell™ Brennstoffzelle überhaupt mit Luftsauerstoff?
- Wenn ja, wie verändert sich die Leistung der Brennstoffzelle im Vergleich zum Betrieb mit reinem Sauerstoff?
- Wenn ja, wie groß ist die Leerlaufspannung?

Materialien:
Reversible Brennstoffzelle, Voltmeter, Amperemeter, Kabel, Stoppuhr, Widerstand,

Versuchsaufbau:

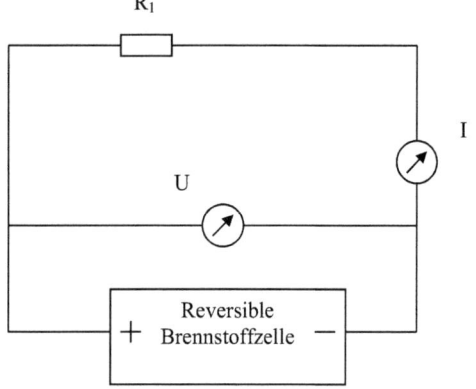

Durchführung:

Die reversible Brennstoffzelle wird normal geladen. Dann wird die Sauerstoffkammer geöffnet, so dass Luft hinein kann. Danach wird sie wieder verschlossen und wie im Versuchsaufbau eingezeichnet angeschlossen. Es werden Arbeitsspannung U, Stromstärke I und Zeit t während des Verbrauchs von 1ml Wasserstoff gemessen. Die zwischengeschalteten Widerstände betragen $R_1 = 1\,\Omega$ und $R_2 = 10\,\Omega$ um einen Vergleich mit *V2* herstellen zu können.

Zehn Minuten nach dem Versuch wird dann die Leerlaufspannung U_L gemessen.

Messergebnisse:

Kurz nach dem Schließen des Stromkreises sinken Spannung und Stromstärke auf null, sie waren vorher nicht messbar.

Auswertung:

Die bei Beginn vorhandene Spannung sinkt wahrscheinlich so schnell herab, da der Anteil von Sauerstoff in Luft nur 21 Vol% beträgt[10]. Demnach müsste die Reaktion aber ca. 1/5 mal so lange anhalten, sie hält im Versuch jedoch wesentlich kürzer an. Deshalb bleibt diese Frage wohl offen, weshalb die Dr FuelCell™ Brennstoffzelle nicht mit Luftsauerstoff funktioniert.

---

[10] Wikipedia, Luft

ii. Ergebnisse im Vergleich mit Angaben der Bedienungsanleitung

Um zu überprüfen in welchem Zustand die reversible Brennstoffzelle ist, vergleiche ich meine Ergebnisse mit den Werten des Datenblatts[11]:
Aus *V1* haben wir die maximale Ladegeschwindigkeit mit V = $2{,}04\,ml/min$ errechnet, der Wert des Datenblatts beträgt $3{,}5\,ml/min$. Das ist eine Abweichung um ca. 40%, welche wir auch bei der Messung der maximalen Stromstärke von $I_5=0{,}307A$ (*V1*) im Vergleich mit der angegebenen maximalen Stromstärke mit I = 0,5A feststellen. Da beide Messungen um den selben Grad abweichen, gehe ich davon aus, dass dieses nicht durch Messfehler entstanden ist. Interessanterweise stimmen die gemessenen Werte der Betriebsspannungen, $U_{min}=0{,}55V$ und $U_{max}=0{,}85V$ (*V2*) mit den angegebenen relativ genau überein ($U_{min}=0{,}5V$ und $U_{max}=0{,}9V$).

Daraus kann man schließen, dass die Brennstoffzelle nicht grundlegend defekt ist, sondern nur durch Alterung oder möglicher falscher Benutzung im Bereich der Membran kleineren Schaden genommen hat und so Wasserstoff und Sauerstoff nicht mehr so schnell miteinander reagieren können (bedeutet: Stromstärke nimmt ab, Spannung bleibt).

iii. Errechnung des Wirkungsgrades

Aus den Ergebnissen der Experimente errechne ich nun der Wirkungsgrad der reversiblen Brennstoffzelle. Zuerst berechne ich den Wirkungsgrad in der Funktion als Elektrolyseur, indem ich die zur Erzeugung des Wasserstoffes benötigte elektrische Energie mit der nun vorhandenen Energiedichte, auch Heizwert genannt, des Gases vergleiche. Dazu muss der Literaturwert der Energiedichte mit 33,3KWh/kg[12] in die Einheit J/ml durch den Literaturwert der Dichte von 0,089g/l[13] umgerechnet werden:

$$33{,}3\,KWh/kg = 119.880\,Ws/g = 119880\,J/g\,;$$

$$119.880\,J/g \cdot 0{,}089\,g/l \approx 10.669\,J/l \approx 10{,}67\,J/ml$$

---

[11] Siehe Anhang
[12] Wikipedia, Wasserstoffspeicherung, Energiedichten im Vergleich
[13] Duden Paetec, Formelsammlung, S. 115

Um nun den maximalem Wirkungsgrad zu bestimmen rechne ich mit dem niedrigsten Energieaufwand aus *V1* mit $E_1=12{,}2 J/ml$. Dieser Wirkungsgrad beträgt dann nach der Formel:
$$\eta_{El} = \frac{\text{Energiegehalt Wasserstoff}}{\text{Benötigte Energie}} = \frac{10{,}67 \, J/ml}{12{,}2 \, J/ml} \cdot 100\% \approx 87{,}46\%.$$

Zur Berechnung des Wirkungsgrades in der Funktion als Brennstoffzelle nutze ich wieder den literarischen Wert der Energiedichte des Wasserstoffs und aus *V2* die größte Energieausbeute mit $E_4 = 4{,}94 J/ml$. Setze ich diese Werte nun in die Formel ein, erhalte ich einen Wirkungsgrad von:

$$\eta_{Br} = \frac{\text{Erzeugte Energie}}{\text{Energiegehalt Wasserstoff}} = \frac{4{,}94 \, J/ml}{10{,}67 \, J/ml} \cdot 100\% \approx 46{,}30\%.$$

Multipliziert man diese Wirkungsgrade miteinander erhält man den Wirkungsgrad der Dr FuelCell™ in der Funktion als reversible Brennstoffzelle:

$$\eta_{rev} = \eta_{El} \cdot \eta_{Br} = 87{,}46\% \cdot 46{,}30\% \approx 40{,}49\%.$$

Die restliche Energie, die nicht als elektrische Energie genutzt wurde ging in Form von Wärme verloren und zwar hauptsächlich während der Funktion als Brennstoffzelle, wie man in den folgenden Rechnungen erkennt:

Elektrolyseur:

Verbrauchte Energie – Energiegehalt Wasserstoff = verlorene Wärmeenergie

$$12{,}2 \, J/ml - 10{,}67 \, J/ml = 1{,}53 \, J/ml$$

Brennstoffzelle:

Energiegehalt Wasserstoff – gewonnene Energie = verlorene Wärmeenergie

$$10{,}67 \, J/ml - 4{,}9 \, J/ml = 5{,}77 \, J/ml$$

c. Zukunftsmodell Brennstoffzelle

Die Brennstoffzelle zeichnet sich gerade im Zeitalter, in dem nach immer effizienteren Energiewandlern gesucht wird, dadurch aus, dass sie im Vergleich zu konventionellen Motoren/Generatoren, wie z.b. den Otto- und Dieselmotoren einen wesentlich höheren Wirkungsgrad besitzt. Eine PEM-Brennstoffzelle erreicht einen Wirkungsgrad von bis zu 60%[14], direkteinspritzende Dieselmotoren bis zu 45% und Ottomotoren bis zu 37%[15]. Somit wäre die Brennstoffzelle wesentlich energiesparender, wobei das Problem auftritt, dass die zu speichernde Menge Wasserstoff in etwa das vierfache Volumen[16] von dem zu vergleichenden Benzin benötigt, und so die Speicherung z.B. im PKW problematisch wird.

Verwendet man Brennstoffzellen jedoch im stationären Betrieb, so ist das Problem bezüglich des Speicherplatzes eher Nebensache. Außerdem ist es möglich den Wirkungsgrad nochmal um Einiges durch KWK (Kraft-Wärme-Kopplung) zu erhöhen. Das bedeutet, dass die verloren gehende Wärme, die, wie bei der Wirkungsgradberechnung gut zu sehen, knapp die Hälfte der aufgewandten Energie ausmacht, teilweise wieder genutzt werden kann. Die Wärmeenergie in Form von hoher Temperatur wird dann z.B. durch einen Stirling-Motor in elektrische Energie umgewandelt, Wärmeenergie niedrigerer Temperaturen wird z. B. zum Beheizen eines Wohnhauses genutzt. Durch diese Form der KWK können bis zu 90% der Wärmeenergie[17] nutzbar gemacht werden, daraus resultiert ein Wirkungsgrad der Brennstoffzelle von ca. 90%. Dieser Wert ist bis jetzt nur Theorie. Es sind aber schon Anlagen dieser Bauweise in Erprobung.

Einen großen Nachteil hat die Brennstoffzellentechnologie jedoch, denn es wird das überaus teure Platin als Katalysator benötigt. Dies ist ein erheblicher Faktor, der dazu beiträgt, dass diese Technik noch nicht markt- oder alltagstauglich ist.

---

[14] www.diebrennstoffzelle.de, Die PEM-Brennstoffzelle
[15] www.kfz-tech.de, Wirkungsgrad
[16] www.innovation-brennstoffzelle.de, Physikalische Daten zur Brennstoffzelle
[17] Wikipedia, Mikro-Kraft-Wärme-Kopplung

Im Bereich der Umweltfreundlichkeit ist die Brennstoffzelle aber praktisch unschlagbar, da sie, sofern mit Wasserstoff betrieben, ein emissionsfreier Energiewandler ist. Zusammenfassend kann man sagen, dass die Brennstoffzelle eine Zukunftstechnologie mit erheblichem Stellenwert ist, weshalb weiter in die Forschung investiert werden sollte, damit sie in absehbarer Zeit der Umwelt und uns Menschen zuliebe die umweltschädlichen Energiewandler-Systeme so weit wie möglich ablösen kann.

3. Resümee

Schlussfolgernd muss ich sagen, dass das Arbeiten an der Facharbeit nicht nur im experimentellen Bereich, sondern eher in Hinblick auf die Auswertung der Ergebnisse sowie die Recherche nach Fakten mir außerordentlich gefallen hat. Zur Theorie des naturwissenschaftlichen Arbeiten habe ich nun auch noch praktische Erfahrung gesammelt und kann mir auch ein besseres Bild davon machen.

In Bezug auf dieses konkrete Thema muss ich leider sagen, dass die Möglichkeiten der Dr FuelCell™ Brennstoffzelle zum Experimentieren nicht sonderlich groß sind und ich mir dort mehr, wie im Vorwort erwähnt, gewünscht hätte.

Sehr verwunderlich fand ich es doch, dass selbst diese Brennstoffzelle, die nur für den experimentellen Nutzen erbaut wurde, einen Wirkungsgrad hat, der sich nicht sonderlich von denen zu wirtschaftlichem Nutzen produzierten Zellen unterscheidet. Dieses Ergebnis belegt ganz eindeutig meine These, dass die Verwendung der Brennstoffzelle für die Technik der Zukunft unumgänglich ist.

4. Quellenverzeichnis

Buch-/Broschürenquellen:

- Duden Paetec (2005): Formelsammlung, 6. Auflage (2006)
- Heliocentris (2006), Dr FuelCell™ Starter Kit Bedienungsanleitung
- Heliocentris (2006), Dr FuelCell™ Model Car Bedienungsanleitung

Internetquellen:

-de.Wikipedia.org (22.02.2012): Brennstoffzelle,

-Chemische Reaktion,
http://de.wikipedia.org/wiki/Brennstoffzelle#Chemische_Reaktion

-Geschichte, http://de.wikipedia.org/wiki/Brennstoffzelle#Geschichte
-Aufbau, http://de.wikipedia.org/wiki/Brennstoffzelle#Aufbau

-de.Wikipedia.org (23.02.2012): Avogadrosches Gesetz,
http://de.wikipedia.org/wiki/Avogadrosches_Gesetz

-de.Wikipedia.org (24.02.2012): Wasserstoffspeicherung, Energiedichten im Vergleich, http://de.wikipedia.org/wiki/Wasserstoffspeicherung#Energiedichten_im_Vergleich

-de.Wikipedia.org (26.02.2012): Mikro-Kraft-Wärme-Kopplung,
http://de.wikipedia.org/wiki/Mikro-Kraft-W%C3%A4rme-Kopplung

-de.Wikipedia.org (28.02.2012): Luft, http://de.wikipedia.org/wiki/Luft

-de.Wikipedia.org (29.02.2012): Elektrochemische Spannungsreihe, Elektrochemische Spannungsreihe, http://de.wikipedia.org/wiki/Elektrochemische_Spannungsreihe#Elektrochemische_Spannungsreihe

-www.ihr-nachbar.de (22.02.2012), das 1x1 der Brennstoffzelle, http://www.ihr-nachbar.de/home/nutzen/nu-forschung/nu-fo-brennstoffzelleiph/nu-fo-brennstoffzelle/nu-fo-br-funktion/nu-fo-br-funktion-prinzip.htm

-www.diebrennstoffzelle.de (26.02.2012), Die PEM-Brennstoffzelle, http://www.diebrennstoffzelle.de/zelltypen/pemfc/index.shtml

-www.kfz-tech.de (26.02.2012), Wirkungsgrad, http://www.kfz-tech.de/Formelsammlung/Wirkungsgrad.htm

-www.innovation-brennstoffzelle.de (26.02.2012), Physikalische Daten zur Brennstoffzelle, www.innovation-brennstoffzelle.de/h2/intro1.html

5. Anhang

a. Datenblatt Dr FuelCell™ Brennstoffzelle[18]

Reversible Brennstoffzelle

Eigenschaft	Wert
Länge / Breite / Höhe	70 mm × 90 mm × 80 mm
Gewicht (leer)	140 g
Betriebstemperatur	10–40 °C
Lagertemperatur	5–40 °C
Gasspeicher-Kapazität	2 × 15 ml
Betrieb als Elektrolyseur	
Betriebsspannung	1,4–2 V
Betriebsstrom	0–500 mA
maximale Wasserstoffproduktionsrate	3,5 ml / min
Betrieb als Brennstoffzelle	
Betriebsspannung	0,5–0,9 V
Betriebsstrom	500 mA
Nennleistung	250 mW

b. Bilddokumentation der Experimente

Laden der Brennstoffzelle

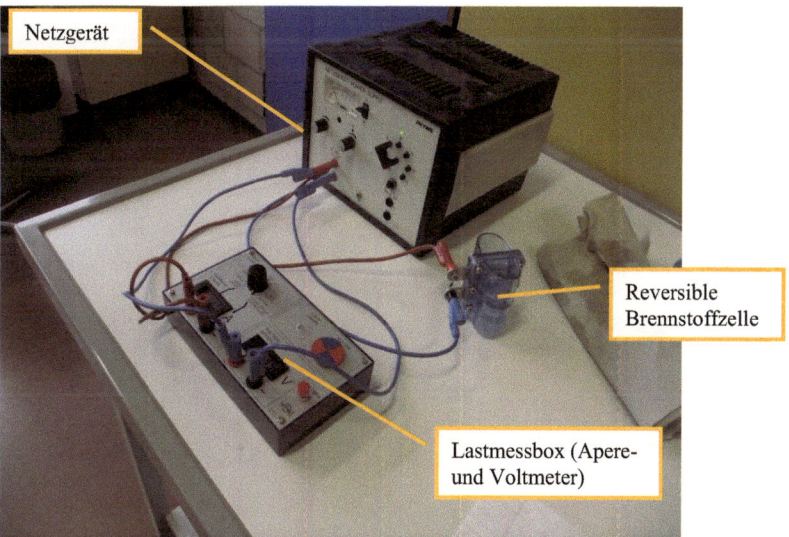

[18] Heliocentris, Model Car, Bedienungsanleitung, S. 42

Messungen mit der Lastmessbox während des Ladens

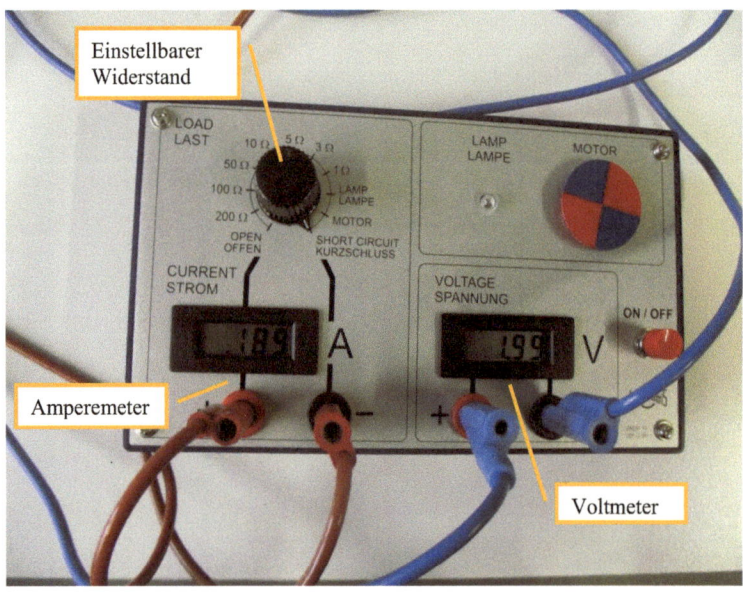

Wasserstofftank der reversiblen Brennstoffzelle

Die reversible Brennstoffzelle

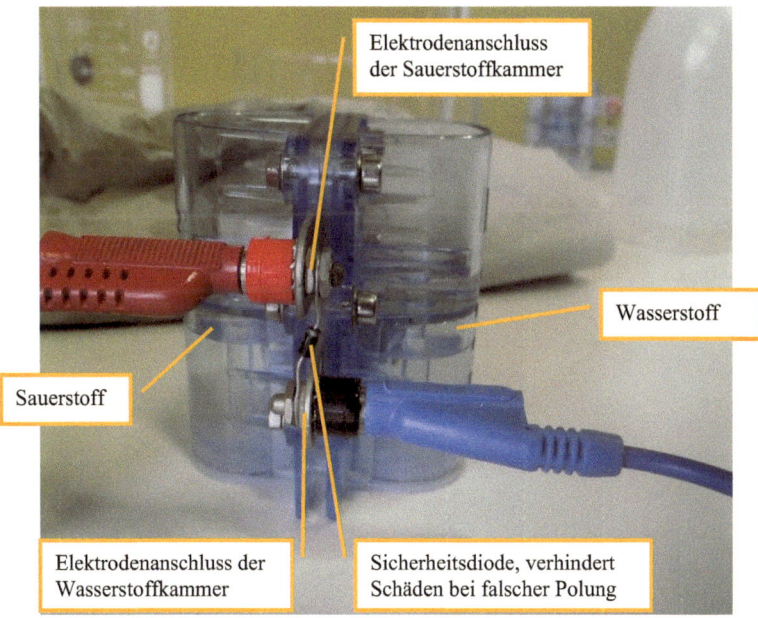

c. Aufbau Dr FuelCell™ Brennstoffzelle[19]

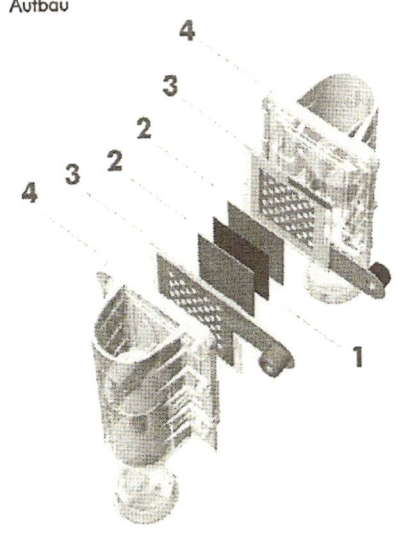

(1) Membran-Elektroden-Einheit
(2) Gasverteiler
(3) Kontaktbleche
(4) Seitenteile mit Gas- und Wasserspeicher

---

[19] Heliocentris, Starter Kit, Bedienungsanleitung, S. 32